Discovery Education 探索·科学百科（中阶）

3级A4 海洋的世界

全国优秀出版社
全国百佳图书出版单位

广东教育出版社 学乐

目录 | Contents

海洋·······························6

海洋的力量·····················8

透光带···························10

深海·····························12

大洋底部·························14

海底的扰动·····················16

海洋污染·························18

海洋与气候·····················20

海洋与气候变化·················22

海洋学家·························24

水下探测技术···················26

健康的地球·····················28

知识拓展·······················30

海洋

海洋的面积十分广阔，这使地球从太空中看起来呈蔚蓝色。地球表面超过 70% 的面积被水覆盖，其中海洋咸水占了绝大部分。

地球上最大并且可能是最奇怪的生物生活在海洋里。已知的海洋生物有数十万种，多数都生活在海底；还有更多物种尚待发现。海洋表层水吸收太阳散发的热量，并对气候产生影响。海洋微生物利用太阳能制造氧气。地球生命很可能起源于海洋，并且依赖着海洋生存和发展。

五彩斑斓的生物

珊瑚虫是群居的小型动物，多生活在温暖的海水中。它们以微小的生物为食，多数离不开阳光。珊瑚虫能分泌一种钙质，硬化后形成色彩鲜艳的保护性骨骼。它们也为大量的海洋生物提供了生存居所。

漂浮的冰山

在极地地区，由积雪和淡水组成的冰架发生崩解，脱离冰架的冰体漂浮在海洋上，成为冰山。冰山密度比海水小，大约10%的部分浮于水面之上，这部分面积可达2 590平方千米。

丰富的物种

阳光能够穿透的海水深度达200米，为海洋生物进行光合作用提供了必要的条件，从而维持了种类繁多的海洋动植物的生长，包括微小的浮游植物、大小各异的鱼类和恒温的哺乳动物等。

珊瑚环礁

火山广泛分布在世界各地，但约90%的火山活动发生在海洋中。很多海洋中的火山会慢慢下沉，边缘长出珊瑚。经过数十万年，会慢慢形成环形珊瑚，即珊瑚环礁，其中局部浅水称为泻湖。

海洋的力量

受气压、温度、密度和重力影响，海水不断运动。海水表面的变化会导致上升流和下降流的形成。大规模海水运动蕴含的能量既能造福于人，也会产生破坏性影响。潮汐和海浪的匀速运动都是海洋力量的体现。科学家正在研究如何使用较为经济的方法，将更多海洋能量转化为电能。

海底地壳运动和大气低压系统都会导致海水淹没沿岸地区。2004年亚洲海啸和2005年美国卡特琳娜飓风都显示出海洋的破坏性力量。

海啸的形成

地壳上层是坚硬的，分为几大板块，板块缓慢运动，相互挤压。这种地壳运动不断积蓄能量，就会导致紧密接触的两个板块在海底突然发生滑动，板块交界处的地壳变化造成大片水域忽然上升或下降，引起巨大的涌浪，并由中心向四周不断地快速扩散。

激波

海底突陷会生成很强的冲击波，但在深海中对海表面影响较弱。因此冲击波自水下经过时，船员很难注意到海表相应的起伏。

近岸

海浪冲击波传至近岸海域，波速减小，波高、频率增大。海啸即是冲击波传至近岸后形成的一连串落差分明的波峰和波谷。

波浪底部受海底摩擦，波速减小。当波面过陡，波峰会向前倾斜，卷入少量气体，最终破碎，产生较大的力量。

发电

　　海洋是重要的极富价值的可再生资源，能够提供至少三种形式的能源用于发电。潮汐和波浪发电站能将海水运动的能量，即动能转化为电能。温差发电站则是利用了海洋表层水的热能。

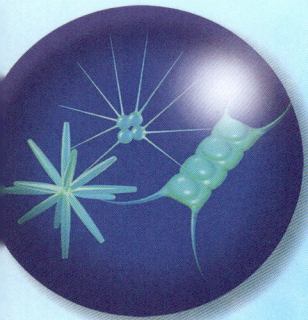

透光带

光合作用在地球上广泛存在，包括海洋上层的透光带，其厚度为海洋水深的 2%。微生植物即浮游植物以制造大量葡萄糖的形式，将太阳能转化为化学能。这一过程同时吸收二氧化碳，并释放氧气。生长良好的浮游植物群在卫星图片上呈现暗红色，这样就能分辨出生长不好的浮游植物，并对此展开研究。

浮游植物

浮游植物是食物链中最微小的成员，多为单细胞藻类，主要依赖于上升流带来的富有营养的海底矿物质生存。它们的存在对维护整个海洋系统的正常运转十分必要。

浮游动物

浮游动物是最小的海洋动物，一般随海流漂动。磷虾和类虾的甲壳纲动物都属于浮游动物，它们是鱼和鲸等动物的重要食物来源。

蓝鲸

蓝鲸口中有形似梳子的鲸须板，可以从海水中过滤出浮游生物来食用。

鲯鳅（qí qiū）

一种常见的食用鱼。

透光带的生物

鱼类与大小各异的哺乳动物在透光带中生长繁殖，人类是终端捕食者。过度的商业捕捞和大范围拖网作业造成的对海洋哺乳动物的意外捕获，已危及到很多海洋物种的生存。

捕捞

人类捕捞海鲜食用，但必须对捕捞数量予以监控，以防止过度捕捞。

蓝鳍金枪鱼

成群游动，以乌贼和小型鱼类为食。

翻车鱼

一般在海洋表层活动，属硬骨鱼纲，以浮游生物为食。

海洋分层

1 透光带

蓝光和绿光透射性最强，但只有蓝光能够到达透光带底层，即200米深处。

2 微光层

部分光线可透射至该层，但强度不足以支持植物生长。

3 无光层

位于1 000米至3 000米，该层的一些生物有发光现象。

4 深渊层

这里水温接近冰点，漆黑一片，是海洋的最底层。

深海

地球表面约 65% 的面积被水深超过 200 米的海洋覆盖。在此深度下少有光线，植物也无法存活。海洋平均深度约为 1 200 米。

这些区域黑暗寒冷，难以进行科学研究，更不适于生存。水深 1 000 米处，压力大约是海表平面处的 100 倍。生活在这一深度的鱼类骨架坚硬，多数视力退化。一些鱼可以发光，那是它们利用发光器官引诱猎物，其他鱼类则依靠敏锐的嗅觉和触觉进行捕食。

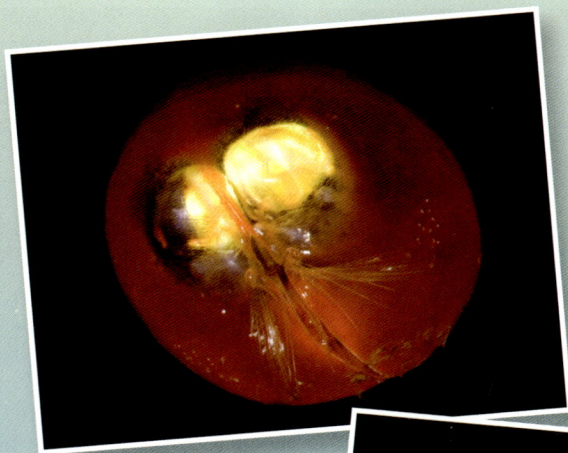

灯笼鱼

眼睛较大，使其可在黑暗中看清周围环境。它的体侧还有发光器官。

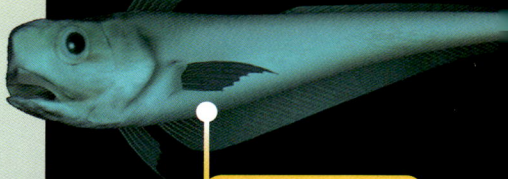

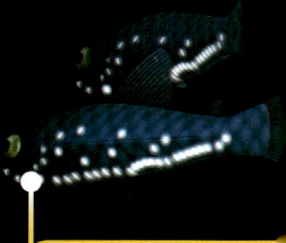

鼠尾鱼

这种鱼因尾长而得名，它还有大大的嘴巴和眼睛。

蓝鳕

又名长尾鳕，体形细长，听觉敏锐。

巨型介形虫

这种甲壳纲生物一般体长25毫米，发光是其交配行为中的一部分。

蝰鱼

一种典型的深海鱼，体形较小，最长达30厘米，骨架坚硬。蝰鱼通过发光引诱猎物，使用长长的牙齿进行捕食。

闪闪发光的诱饵

鮟鱇鱼背鳍顶部可以发光，光点摇曳诱捕猎物。

你知道吗?

珊瑚礁也存在于黑暗的深海中。它们生长缓慢，可以生长达1 000多年。其硬化的骨骼可提供过去的气候环境等相关信息。

寄生的雄鱼

体形较小的雄性鱼寄居在雌性鱼的体侧。

深海鮟鱇鱼

长有尖利的牙齿，是深海中最丑陋的鱼之一。

深海狗田鱼

尾部和尾鳍较长，可以在海底站立。

海参

海参长期生活在黑暗的环境中，眼睛退化。它们在海底的沉积物中无方向地缓慢蠕动，筛寻微小藻类和其他底栖动物的残骸。

处理需谨慎

深海生物被捕获后，如果迅速从高压的深海提升到水面，就会死亡。为避免这一点，科学家研发了一种加压捕鱼装置，为生物提供高压或逐渐减压的环境，以便在海表对其进行研究。

大洋底部

海洋性地壳的构成与大陆性地壳相似，也有平原、坡地、高耸的山脊和深谷（一般称为海沟）。地势高出海面即为岛屿，陆地没入海水中即形成宽广的大陆架。

大洋中脊隆起于海底，彼此连接，成为环绕世界的海底山脉。山脊与大陆坡之间是平坦的大洋盆地，深约 1 800~5 200 米。

大洋盆地主要地形

大洋盆地四周是坡度较缓的大陆坡，中央为深海平原。平原中地势突起处形成锥形火山、海山和平顶山，其中平顶山是早期高出海面的火山受侵蚀而形成的。

大陆架

大陆坡

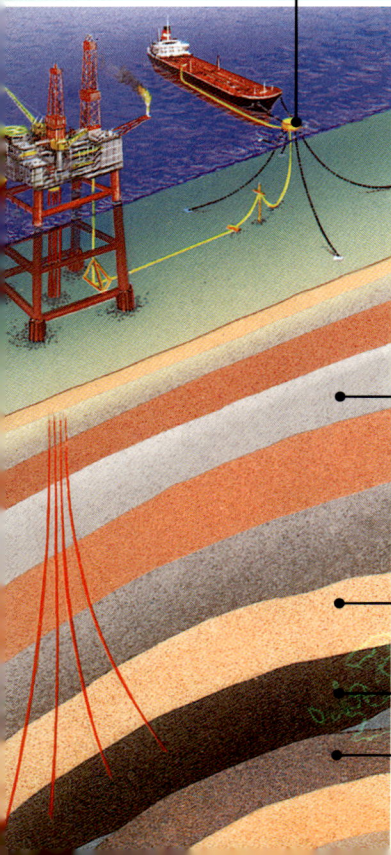

装油浮筒
和油轮

原油宝库

大陆架下富集石油资源。动植物有机质被掩埋在此数百万年，不断增高的压力和温度使这些腐烂的有机质转化为化石燃料，即原油。

页岩和多
孔岩石

无渗透性的
致密岩层

多孔岩石孔隙中
的油水混合物

无孔岩石

天然气

海底沉积物中含有大量的天然气，其主要成分为甲烷。气体从海底自然渗漏，形成气泡上升。气体常储存于晶体结构中，称为甲烷水合物。科学家正在研究这种水合物的性质及开发的可能性。

甲烷气泡

夏威夷火山是地球上绝对高度最高的山。
从海底算起，其高度超过 9 450 米。

深海平原

海山

海底平顶山

海岭

海沟

这种海底地形是地壳最深的地方，位于板块交界处，是密度较大的板块挤压另一密度较小的板块，并将其边缘句下拖拽而形成的。

海底的扰动

海底是地壳中距地球高温、半熔化状态的内核最近的部分。火山活动塑造了海底地貌，无论地壳何处出现薄弱点，炽热的岩浆都会在压力下喷涌而出。这可能发生在像火山锥这样一个单一的点上，也可能沿裂隙蔓延数千米。

持续不断的板块运动也会影响海底地貌的形成。虽然板块运动每年不过十几厘米，但板块之间一旦发生挤压、滑动，都会造成剧烈的扰动。

阶地
有时也称枢纽带，是沿裂谷两壁形成的阶梯状地形。

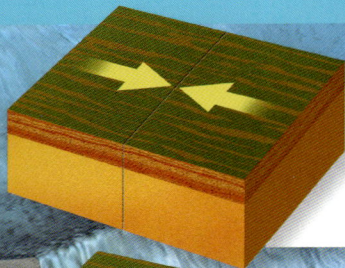

会聚边界
板块之间碰撞，一侧发生俯冲，形成海沟并引发火山活动。

离散边界
地幔物质上涌，冷却后形成大洋中脊。

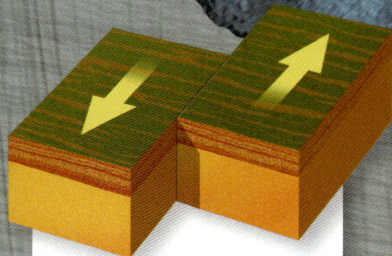

转换边界
相对滑动的板块如果在转换边界处无法滑动，被挤压到一起，就会引发强烈的地震。

构造板块
地幔对流是一种类似水沸腾的地幔岩上升运动，将热能从地核输运到表层，驱动板块运动。板块边界的运动主要有三种。

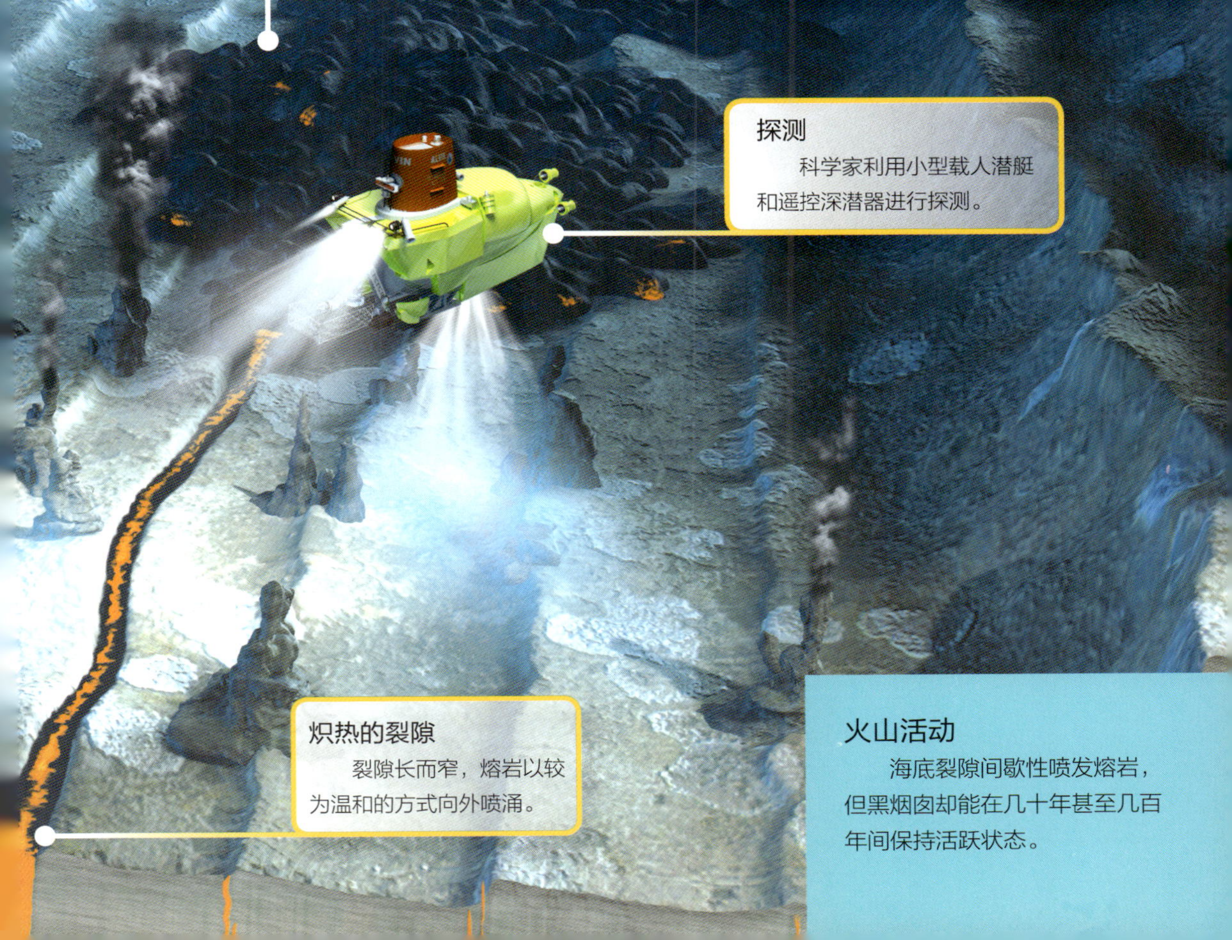

海底黑烟囱

冰冷的海水沿裂隙下渗，不断受热升温，在高压环境下溶解周围的矿物质，随后受力上升，从黑烟囱（即深海热泉）喷出，遇到低温海水后迅速冷却，其中的矿物质形成微小颗粒，导致热液呈黑色。丰富的硫、碳及氢化物使微生物大量繁殖。作为食物链最底层，微生物是黑暗环境中许多物种的第一食物来源。

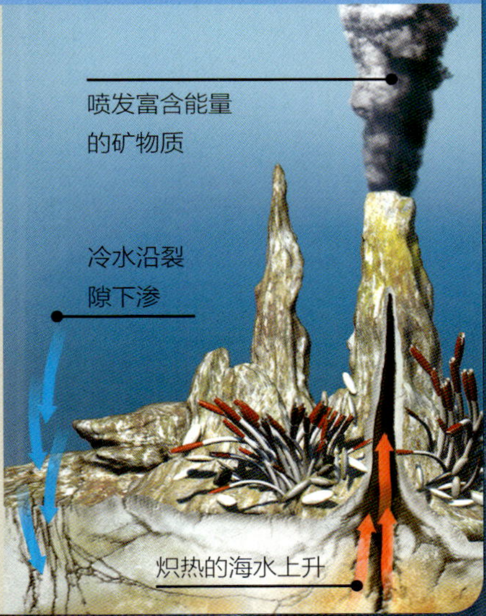

喷发富含能量的矿物质

冷水沿裂隙下渗

炽热的海水上升

枕状熔岩

溢出的熔岩快速冷却，形成大量椭球状岩石。

探测

科学家利用小型载人潜艇和遥控深潜器进行探测。

炽热的裂隙

裂隙长而窄，熔岩以较为温和的方式向外喷涌。

火山活动

海底裂隙间歇性喷发熔岩，但黑烟囱却能在几十年甚至几百年间保持活跃状态。

海洋污染

多数情况下，我们是在近岸海域发现海洋污染的迹象。这种近海污染是由人类陆地活动和海上溢油造成的，其他形式的污染可能并不引人注意。海洋从大气中吸收大量的二氧化碳，酸度不断升高，酸化的海洋会降低珊瑚的生长速度，这也严重危及到以珊瑚为家的其他海洋生物的生存。

蓝绿藻

有毒细菌或浮游植物大量繁殖会污染广阔的海域，对大多数生物造成危害。随着海水温度升高，被称为粘液团的毒性污染物也会增多，其中包含腐烂的有机质、细菌和病毒。

2.漂浮的塑料制品

塑料制品能随快速流动的水流做远距离移动。太平洋垃圾带位于北太平洋海域，呈顺时针旋转，主要由浮在海洋表层水中的塑料垃圾构成。

1.海滩上的塑料垃圾

塑料在生产过程中常加入有害添加剂。在自然环境中，塑料需长达400年的时间才能分解。塑料垃圾很容易通过排水渠进入沙滩或海洋中。

4.人类捕食鱼类

　　有毒的化学成分会进入鱼及其他海洋动物的身体组织。科学家正在研究，这会对海洋食物链末端的生物，特别是人类造成什么样的影响。

3.鱼和鸟类误食塑料制品

　　塑料制品碎裂成浮游动物般大小，有些碎片悬浮在水中，进入食物链，较大的碎片会堵塞海洋动物的消化系统；有一些沉入海底则会对沉积物造成污染。

石油泄漏

　　石油泄漏事件经常占据新闻头条位置，石油钻塔起火和油轮搁浅的航拍照片也屡见不鲜。这种污染主要影响近岸海域和河口地区，并对当地水鸟和海洋动物造成危害。

海洋与气候

地球上 97% 的水贮存在海洋中。陆地降水是地球水循环的重要一环，降水几乎全部来自海水蒸发，蒸发由太阳辐射的热能引起。热能还在海洋与大气间交换，控制大气环流。反过来，风又会驱动大洋表面海水流动，将赤道热带地区温暖的海水和大气输送到极地地区。

　　飓风和强热带气旋都是大气低压系统，受热带海洋储存的热能驱动形成。

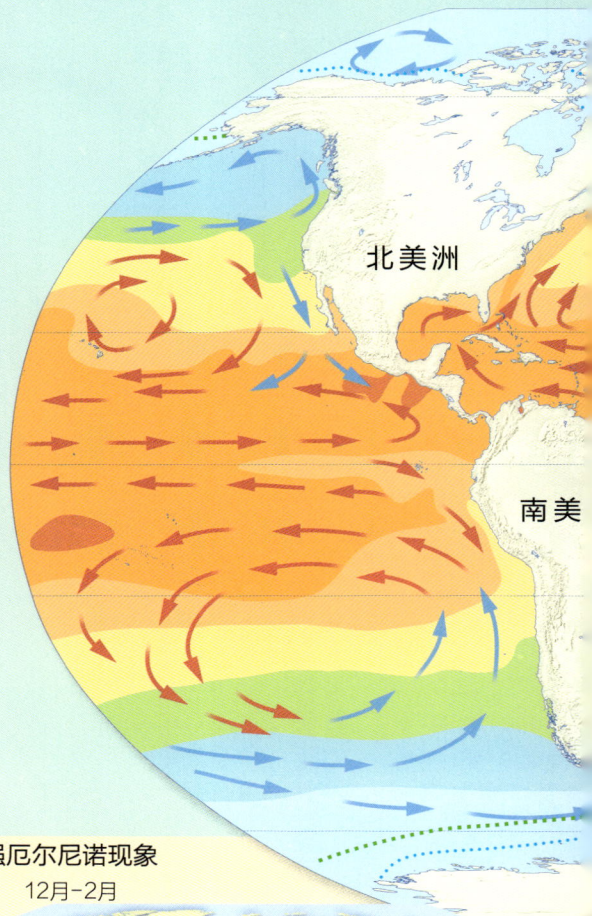

北美洲

南美

厄尔尼诺与拉尼娜效应

　　厄尔尼诺是太平洋部分水域表层水水温偏高的现象，会导致干旱等气候异常。拉尼娜则是温度较低时出现的现象，常常会引发暴雪。

强厄尔尼诺现象
12月-2月

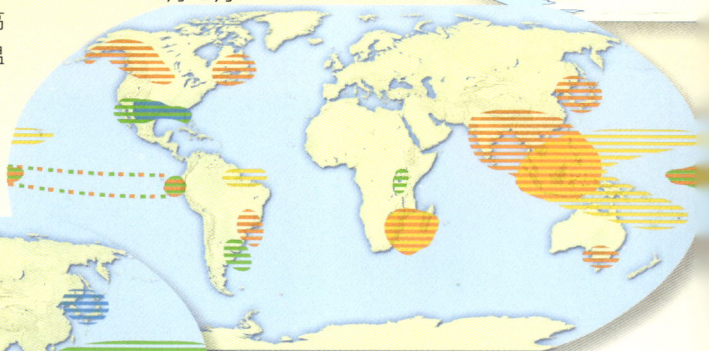

强拉尼娜现象
12月-2月

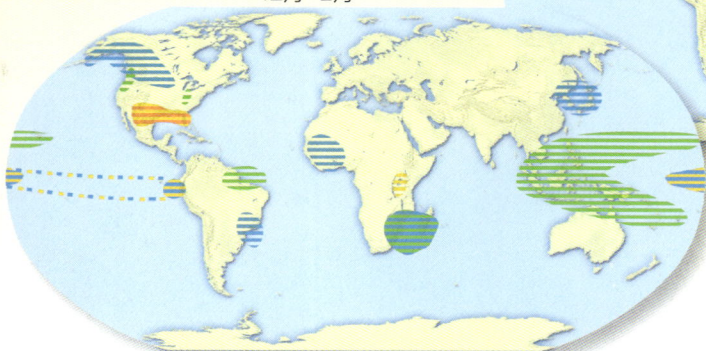

图例

🟧 温暖干燥			🟩 湿润
🟧 温暖			🟩 凉爽湿润
🟨 干燥			🟦 凉爽
🟩 温暖湿润			🟦 凉爽干燥

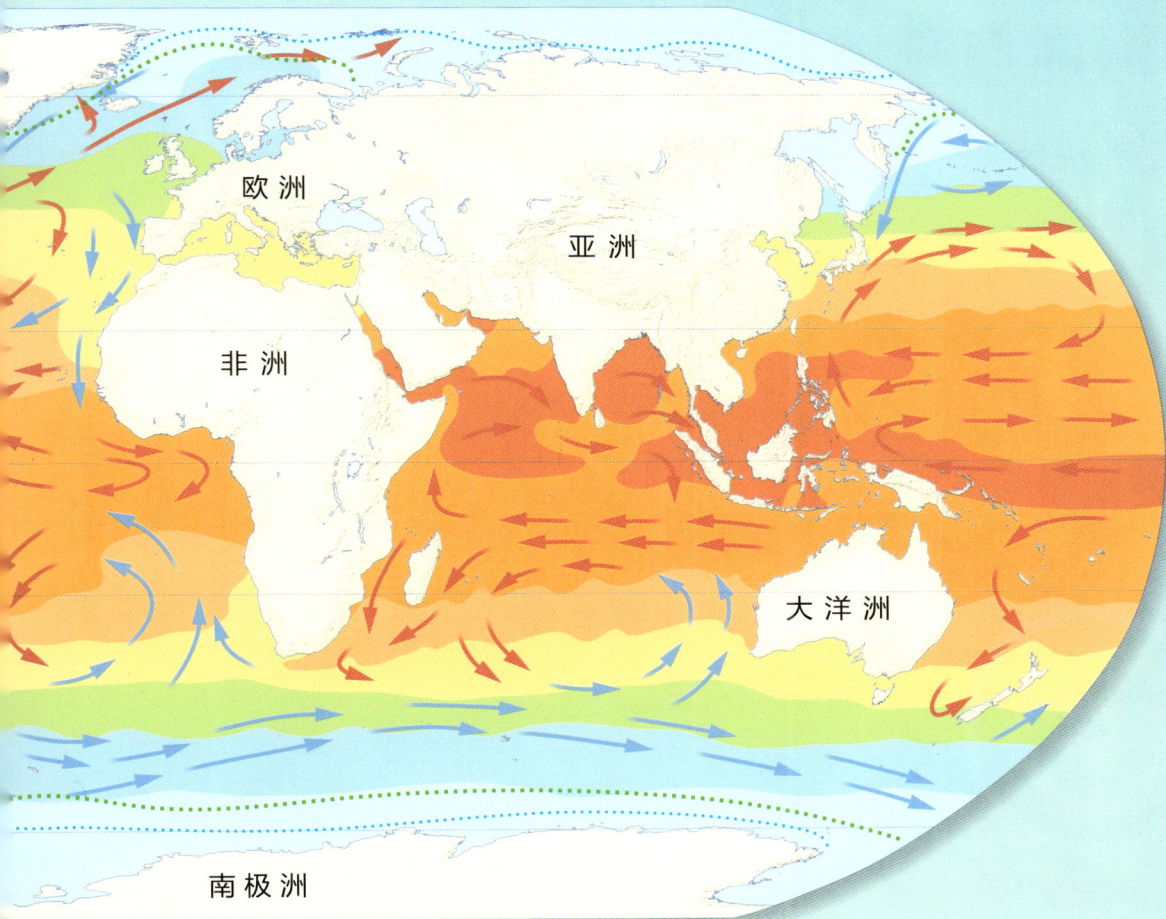

水温

- ■ 高于30°C
- ■ 25~30°C
- ■ 20~25°C
- ■ 15~20°C
- ■ 10~15°C
- ■ 5~10°C
- □ 低于5°C
- ∙∙∙ 夏季浮冰线
- ∙∙∙ 冬季浮冰线
- ➜ 暖流
- ➜ 寒流

海流与大洋环流

　　洋流在海洋表层水中只占不到10%的比例，但却对地球气候影响显著。洋流与大洋环流(首尾相接的洋流)成因复杂，包括海水温度和密度、大气压强和温度、风向和风的强度、重力、海陆分布、地球自转等。

大洋环流结构特征

　　北大西洋环流和南大西洋环流都属于五大环流。洋流受到地球自转的影响，即科里奥利效应，会背离赤道运动。在北半球，环流呈顺时针旋转；在南半球则呈逆时针方向。

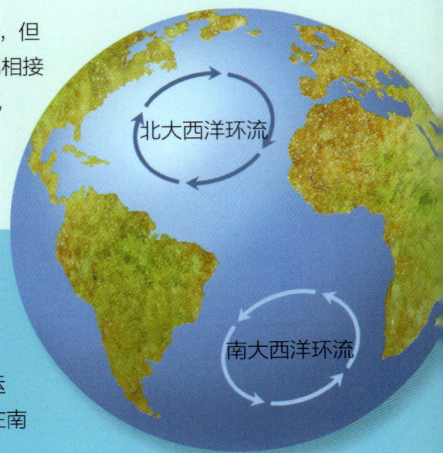

海洋与气候变化

海洋能直接吸收大气中不断增加的热量，在气候变化中起到关键作用。海洋还会吸收大气中日益增加的温室气体——二氧化碳。人们正密切监测海洋不断变暖、酸化带来的影响，发现这会危害大多数海洋生物。科学家正在寻找减缓酸化趋势的方法。

1.生长良好的珊瑚虫

珊瑚白化

海水温度不断升高，导致珊瑚虫体内彩色的微型藻——虫黄藻大量减少并失去色泽。最终人们将只能观赏到珊瑚白色的碳酸钙骨骼。

2.白化的珊瑚虫

3.死亡的珊瑚虫

日益严重的酸化现象

贝类是一种海洋钙化生物。它们的贝壳能够保护身体，这种碳酸钙的贝壳需要在弱碱性环境中生长。海水吸收的二氧化碳增多，酸性不断增强，导致贝类生物外壳变薄变脆，数量不断减少。

蛤

贻贝

泥蛾螺

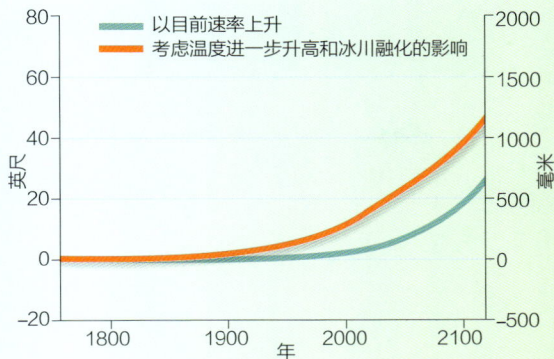

海平面上升趋势

温度升高会导致海水膨胀和海平面上升。全球温度不断升高还会引发北极地区冰川和冰架融化，冰水不断流入海洋。

深海中的斧鱼

全球变暖对海洋最上层影响显著，由于海洋生态系统联系密切，深海及底栖生物也会受到酸化等问题的影响。

温暖的表层流
高密度盐水下沉

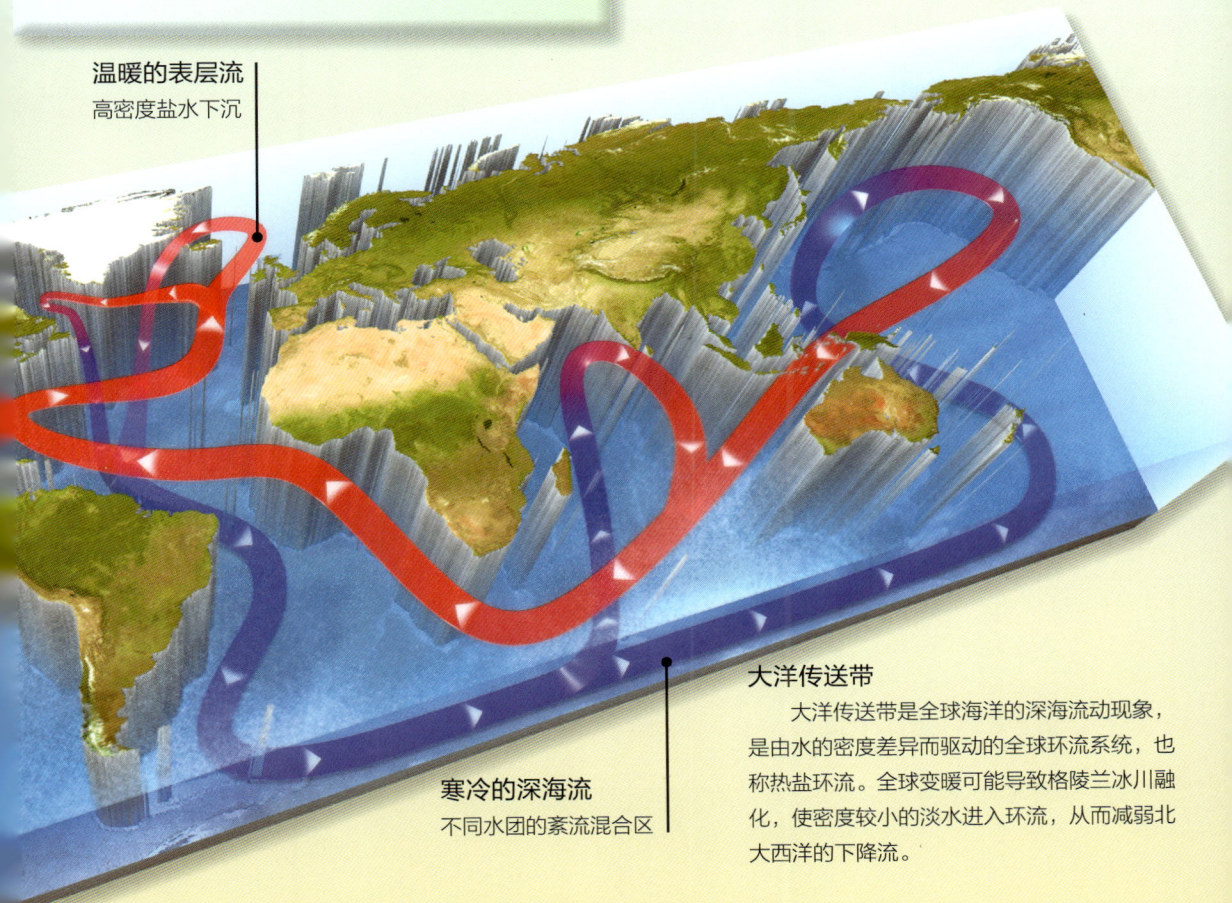

寒冷的深海流
不同水团的紊流混合区

大洋传送带

大洋传送带是全球海洋的深海流动现象，是由水的密度差异而驱动的全球环流系统，也称热盐环流。全球变暖可能导致格陵兰冰川融化，使密度较小的淡水进入环流，从而减弱北大西洋的下降流。

海洋学家

海洋学家拥有世界上最大的实验室——海洋。他们研究海洋及其与大气、陆地和洋底的相互作用。研究成果为政府、高校和环境机构使用。海洋科学已在很多地方开展，其使用的处理流程和仪器种类繁多，技术日益先进。

控制室

　　遥控深潜器的控制室一般设在船上，工作人员包括驾驶员、领航员、科学家和遥控数千米之下的深潜器的技术人员。

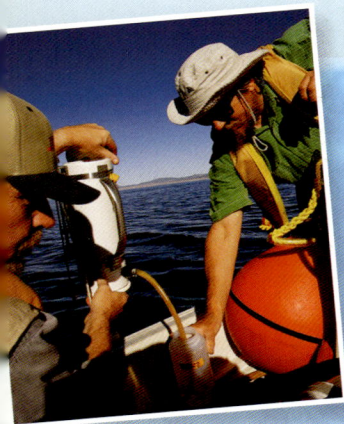

采集水样

　　工作平台设在小船上，海洋技术人员把在特定站位、不同深度获取的水样装入瓶中。水的属性（电导率、温度、深度）使用温盐深仪进行检测。

给海象粘贴电子监控器

　　直到现在，人们对海象的生活还知之甚少。如今，海洋生物学家将电子监控器粘在休眠的海象身上，记录它们的日常活动，并在12个月内将其摘除。

放生海豹

　　海豹因其珍贵的皮毛而遭到捕杀，它们的栖息地——海冰也在不断减少。科学家加入到环保人士拯救濒危海豹的行动中，将海豹放生到安全水域。

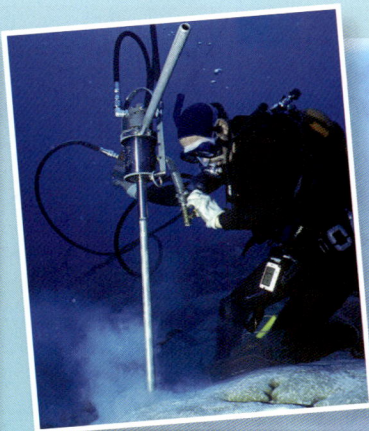

钻芯取样

　　海洋地质学家使用下潜式液压取芯器获取洋底深处的宝贵信息，一些不易察觉的线索可用来了解古代海洋生物。

近期研究

目前进行的主要研究是全球变暖给海洋带来的影响，以及海洋如何提供它可能提供的可再生能源。科学家还通过某些海洋生物，研究不同的人类活动可能对其产生的长远影响。

1

2

3

1 海獭

这种聪明的哺乳动物生活在北太平洋沿岸，一度濒临灭绝，现已列入濒危物种名单。

2 红大马哈鱼

研究红大马哈鱼的食性，需要捕捉样本并研究其胃里的东西。

3 浮游植物

使用硫酸铁促进浮游植物生长，有望减少大气中的二氧化碳含量，但这一做法颇受争议。

4 记录外来物种蓑鲉

蓑鲉生活在热带，富有攻击性，其数目在美国东南海岸受到密切监控。

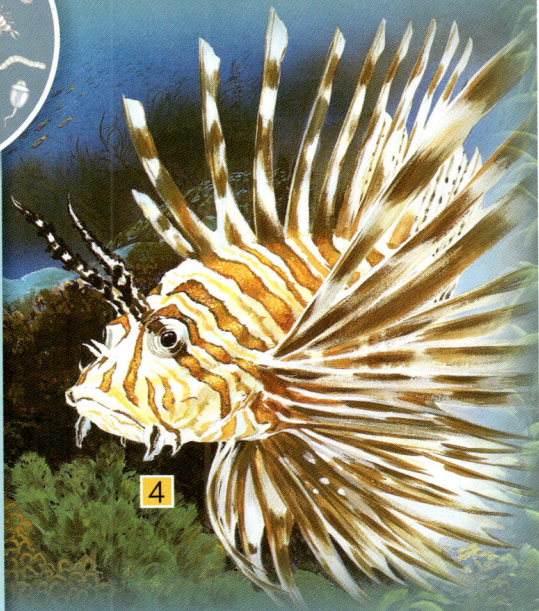

4

水下探测技术

历史上，水下探测都是通过载人深潜器进行的，其使用的科学仪器可用来取样、观测、监测和记录水下环境。如今，新技术使遥控水下仪器成为可能。另外，还可以将仪器附着在动物身上，通过卫星传输图像和信息。

在上述情况下，使用的仪器必须抗腐蚀，耐压，并适用于黑暗的环境。

阿尔文号深潜器

阿尔文号于1964年投入使用，是首个能承载一名驾驶员和两名观察员的深潜器。它能承压下潜至水深4 500米处，装备多种监测、记录和可回收的仪器。近期的系列检修完成后，阿尔文号的性能将得到进一步提升。

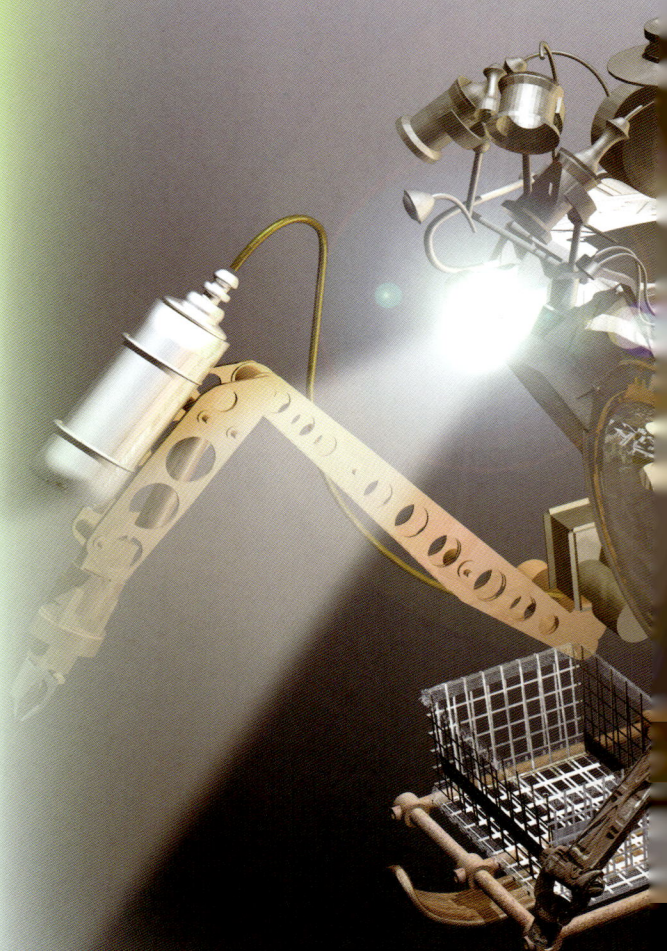

水听器

水听器是计算机化的声学麦克风，用于记录水下声音。水听器可与全球定位系统联合使用，追踪鲸等能发声的海洋动物的运动。

赫拉克勒斯号遥控深潜器

赫拉克勒斯号是遥控深潜器，通过光缆与母船相连，由母船上的驾驶员远程操控。它配备各种科学仪器、摄像机和机械臂。发动机为其提供动力，使其可向任意方向运动或悬停。

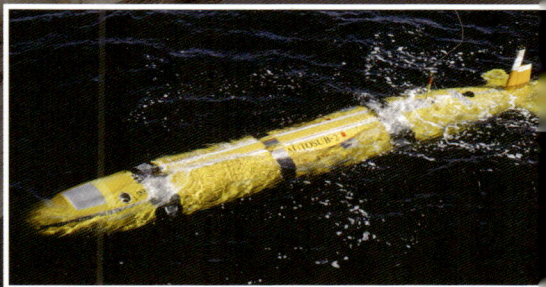

水下滑翔孔——自主式水下航行器

自主式水下航行器种类多样，可自主运行，一般由电池驱动的推进器提供动力。滑行艇是一种特殊的自主式水下航行器，通过改变浮力自我驱动。它们形似鱼雷，配有翼和方向舵，运动时先上浮，然后向前滑行。不同于传统的自主式水下航行器，它们能历时数月，远距离收集大量信息。

健康的地球

过去，人们将海洋看做取之不尽，用之不竭的资源宝库，并误认为它无边无际，而将它作为垃圾场使用。科学家们研究了各种海洋环境，呼吁整个世界关注地球的困境。现在，海洋环境的重要性已得到广泛认同。

显而易见，海洋与整个地球的关系十分密切。过量的温室气体和不断升高的大气、海水温度，都是当今科学研究的重点。海洋学家和其他科学家的任务是采取适当的方式防止环境灾难的发生。

蓝鲸

蓝鲸是海洋中的巨型生物，性情温顺，曾被猎杀至濒临灭绝。科学家指出，蓝鲸特有的歌声正变得越来越深沉，音量也在减小。现在因为蓝鲸数量增加了，它们的呼唤只需跨越较短的距离即可到达对方。

延绳钓作业

延绳钓作业使用大型饵钩，鱼线可长达96千米。海鸟俯冲时会受困于饵钩，最终溺水而亡。很多海洋生物也会被长线捕获，成为副渔获物。

延绳钓作业捕获的鲨鱼

白格陵兰海豹

白格陵兰海豹以多种鱼类为食，并因影响人类捕鱼量而受到指责。它们的毛皮十分珍贵，因此遭到大量捕杀。但其数量锐减会破坏食物链，并影响到经济鱼类的数量。

你知道吗？

全球变暖可能导致鸟类的死亡。几大上升流减弱，使海洋表层的磷虾逐渐减少，进而引起海鸟陷入大规模饥荒。

珊瑚虫的健康生长

珊瑚虫对水质的改变非常敏感，所以，如果它们的生长状态良好就说明海洋环境是健康的。人类活动很容易破坏这种环境，现在很多珊瑚区都需要保护。

知识拓展

海藻 (algae)
简单、原始的海生植物。

细菌 (bacteria)
单细胞微生物，通过细胞分裂繁殖，在没有光和氧气的环境下也可以生存和繁殖。

生物发光 (bioluminescence)
一种细胞内部可产生光的生物过程。

副渔获物 (bycatch)
未作为捕捞目标而被鱼钩或拖网意外捕获的海洋生物。

方解石 (calcite)
碳酸钙结晶。

钙 (calcium)
一种基本的金属元素，有丰富的化合物形式。

二氧化碳 (carbon dioxide)
无色气体，可用于植物的光合作用，形成于有机物分解过程中。

对流 (convection)
流体内部高温部分的分子运动，能有效输运热能。

取样器 (core sampler)
空心钻，从地下获取柱状样品。

甲壳纲 (crustaceans)
多数为水生动物，有坚硬的外骨骼，没有脊椎。

密度 (density)
质量与体积的比值。

下降流 (down welling)
流体向下运动，尤指在海洋中。

生态系统 (ecosystems)
内部生物之间以及生物与周围物理环境之间相互作用的系统。

河口 (estuarine)
河流入海处、盐水与淡水发生混合的水环境。

蒸发 (evaporation)
液体转化为气态的过程。

葡萄糖 (glucose)
自然存在、含量丰富的一种糖类物质，能够提供能量。

温室气体 (greenhouse gas)
地球大气层内吸收太阳能，并阻止其散失的气体。

环流 (gyre)
做圆周运动的海表面流。

栖息地 (habitat)
生物群落生存的物理环境。

热液 (hydrothermal)
地壳中运动的热水。

不可渗透的 (impermeable)
用以描述不能透过液体或气体的物质。

侵略性的 (invasive)
攻击性的扩散或侵入。

熔岩 (lava)
地球表面高温熔化的岩石。

岩浆 (magma)
地壳中或地壳之下高温、熔化的岩石。

营养素 (nutrients)
    动植物摄入以促进生长的物质。

有机物 (organic)
    从活的有机体上获取或含碳元素的化合物。

有机体 (organism)
    动物、植物、真菌或微生物等一个活的完整系统。

光合作用 (photosynthesis)
    植物利用太阳能产生糖类等碳水化合物的过程。

浮游植物 (phytoplankton)
    微小的海洋植物，多为单细胞。

浮游生物 (plankton)
    微小生物，在海洋表层成群漂浮，是较大型水生生物的食物来源。

板块 (plates)
    地壳的地质岩石结构，通常指板块构造。

多孔的 (porous)
    含有呈网状的小孔，允许液体、气体被吸收或穿透。

**可再生资源
(renewable resource)**
    可供使用且自我更新速度可维持原有储量的自然资源。

沉积物 (sediment)
    沉降在海底并硬化形成沉积岩的物质。

渗漏 (seepage)
    液体在多孔物质中流动或缓慢穿过。

页岩 (shale)
    细粒，由沉积岩层构成。

冲击波 (shock waves)
    激增压力或密度的传播。

物种(species)
    有共同特性且能够交配的生物群落。

火山口 (vents)
    地壳上的空洞或裂隙，可喷发熔岩或气体。

病毒 (viruses)
    比细胞小，仅在活的寄主细胞内生存和繁殖的生物。

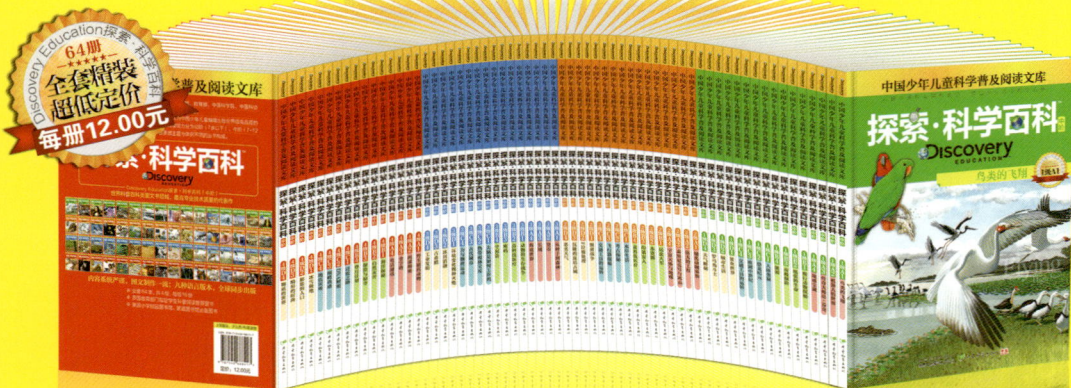